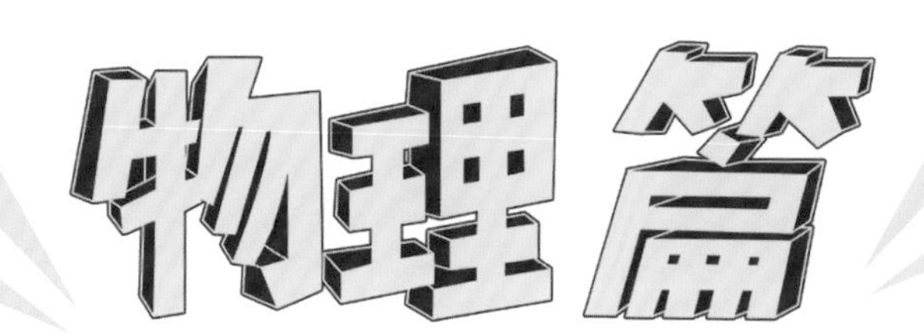

哇，科学有故事！

能量的故事

[韩]孙英云/文　[韩]文具善/绘　千太阳/译

人民东方出版传媒
People's Oriental Publishing & Media
東方出版社
The Oriental Press

能不能用杠杆
撬动地球呢？
阿基米德

进入人体内的能量都
去了哪里？
迈尔
如果想要储存阳光，
我们应该怎么做？
贝克勒尔

目录

阿基米德先生，听说您只用一根棍子就能撬动地球？

古时候，需要移动重物时，人们经常会利用杠杆，但是人们并不清楚其中的原理。于是我证明了杠杆的原理，使人们能够在减少能量消耗的同时，更加轻松地完成工作。如果按照杠杆原理，哪怕是像地球一样沉重的物体，我也能轻松地撬动。

两千多年以前，在古希腊西西里岛的锡拉库萨街道上，一个浑身赤裸的老爷爷正在兴奋地狂奔。

①尤里卡：希腊语，意为“有办法了”。

西西里岛的人们看到裸奔的阿基米德后，顿时议论纷纷。

大家都在想：那个人是不是太过热衷于钻研难题，以至于精神出现了问题？

阿基米德是一位天才科学家。

此外，他还精通各种工艺，经常会制作出很多运用科学原理的工具。

就连我们干活时常为了节省力气而使用的杠杆，也是由阿基米德最先发明的。

有一天，阿基米德正在散步。

偶然间，他看到一群孩子正坐在一根长木板上玩耍。

一直观察着孩子们举动的阿基米德看到这一幕后，眼中闪过一道智慧的光芒。

“如果杠杆的支点与用力点之间的距离较近，人就费力。”

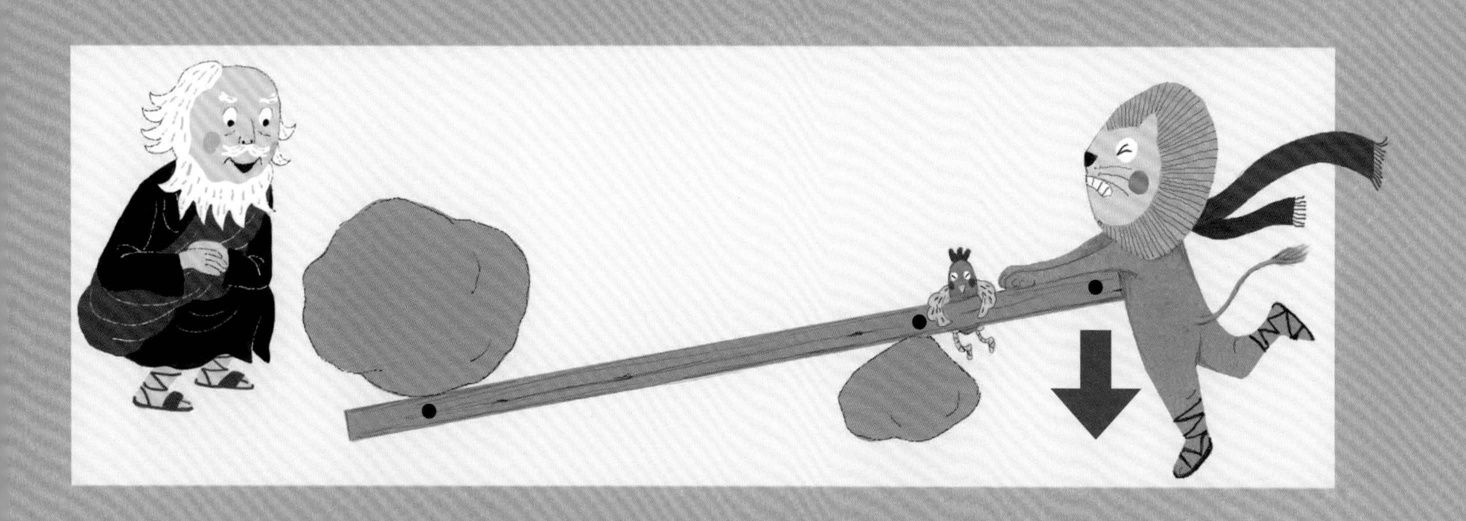

“但如果支点与用力点之间的距离较远，人就省力。”

在推导出杠杆原理后，阿基米德便去面见国王。

“陛下，我终于解开了杠杆的秘密。只要善用杠杆原理，不管是多重的物体，我们都能用很少的力气将它抬起来。”

听到阿基米德的话，国王感到震惊不已。

“你是说只要有杠杆，你就可以抬起任何重物？”

“对，是这样的。”

“既然如此，那你一定也能将正在朝我们攻来的敌军战舰抬起来喽？”

“只要您给我一些时间，我一定能找出轻松抬起敌军战舰的方法。”

回到家中后，阿基米德便埋头思考怎样才能用杠杆抬起沉重的军舰。

“对了，我可以利用滑轮啊。”

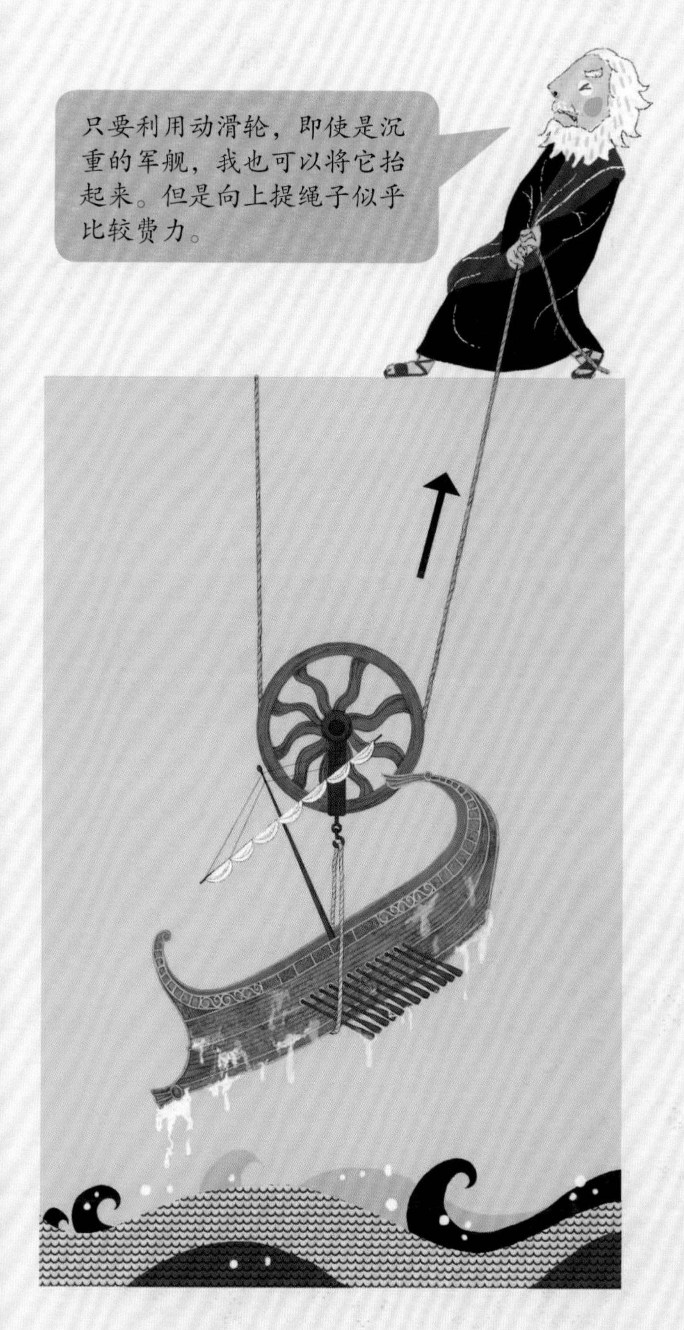

叮叮当当！

从第二天起，阿基米德就开始跟工人们一起打造一件神秘的武器。

不久，罗马军队乘坐军舰来攻打锡拉库萨。

而阿基米德制作的神秘武器也正式在海边亮相。

等到罗马军舰靠近海边时，锡拉库萨的士兵们马上朝军舰扔出了一个巨大的钩子。

当钩子勾住军舰后，士兵们先是用杠杆和滑轮，将挂在钩子上的军舰轻松地抬起来，然后又突然放开绳索，将军舰摔了下去。

“扑通！”

军舰一下子被摔得四分五裂，罗马军队想要侵占锡拉库萨的计划就这样付诸东流了。

“哇！我们击败了罗马军队！”

国王高兴地对阿基米德说：“这次能够获得胜利都是你的功劳，是你运用智慧制作出来的武器击退了强大的罗马军队。”

阿基米德得意扬扬地回答说：“陛下，只要给我一根足够长的杠杆和可以在地球外站立的空间，我就能撬动地球。”

“哈哈哈，看来我得尽快给你找一根足够长的棍子了。”

“哈哈哈。”

功和工具

物体受到力的作用，并在力的方向上发生一段位移，就说这个力对物体做了功。做功时，如果合理使用工具，就能减少人需要付出的力。有的工具会非常省力，有的工具能改变人的发力方向，使用工具让做功变得更便利、更有效率。

杠杆

移动重物时可绕固定点转动的棍子，可以用很小的力发挥出很大的力的作用。

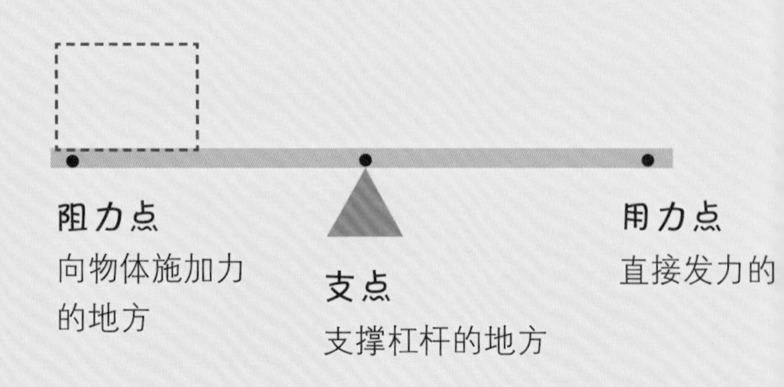

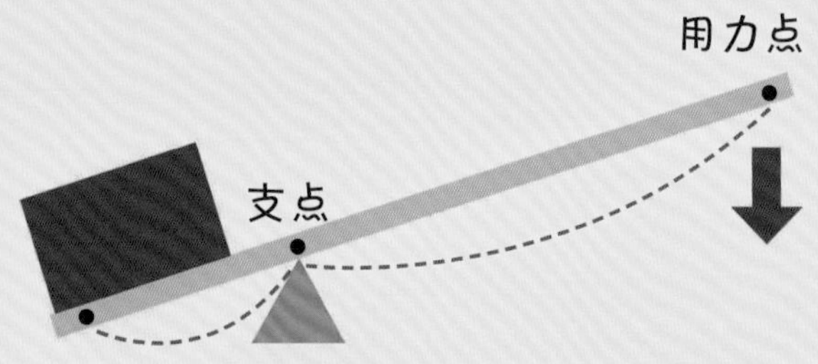

阻力点和支点之间的距离越近，同时支点和用力点之间的距离越远，人越省力。

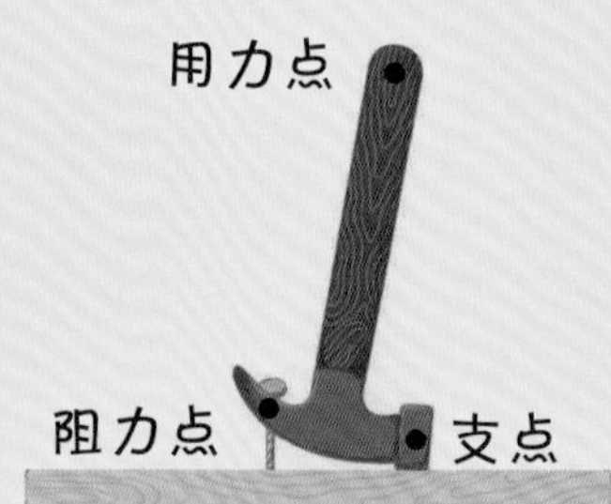

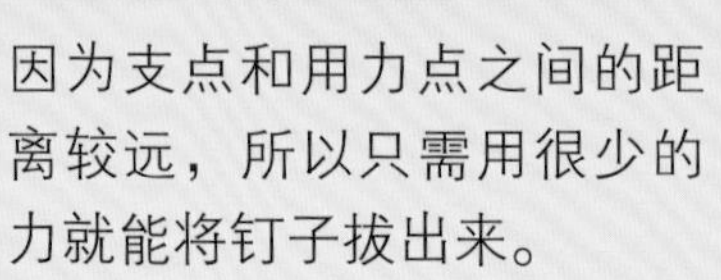

因为支点和用力点之间的距离较远，所以只需用很少的力就能将钉子拔出来。

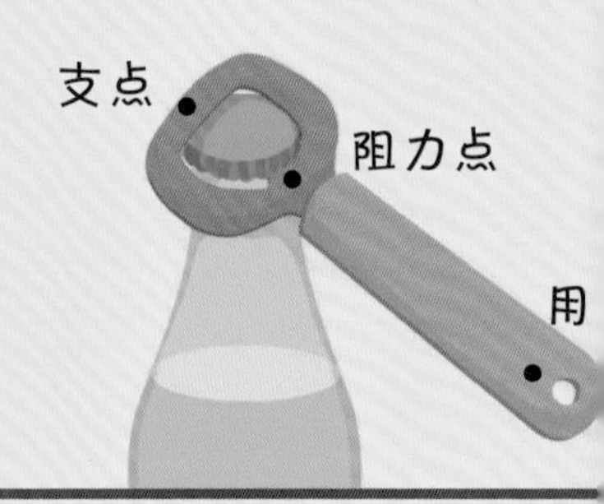

因为阻力点和支点之间的距离较近，所以能轻松打开瓶盖。

滑轮

用来提升物体，可以省力或改变用力方向的工具。

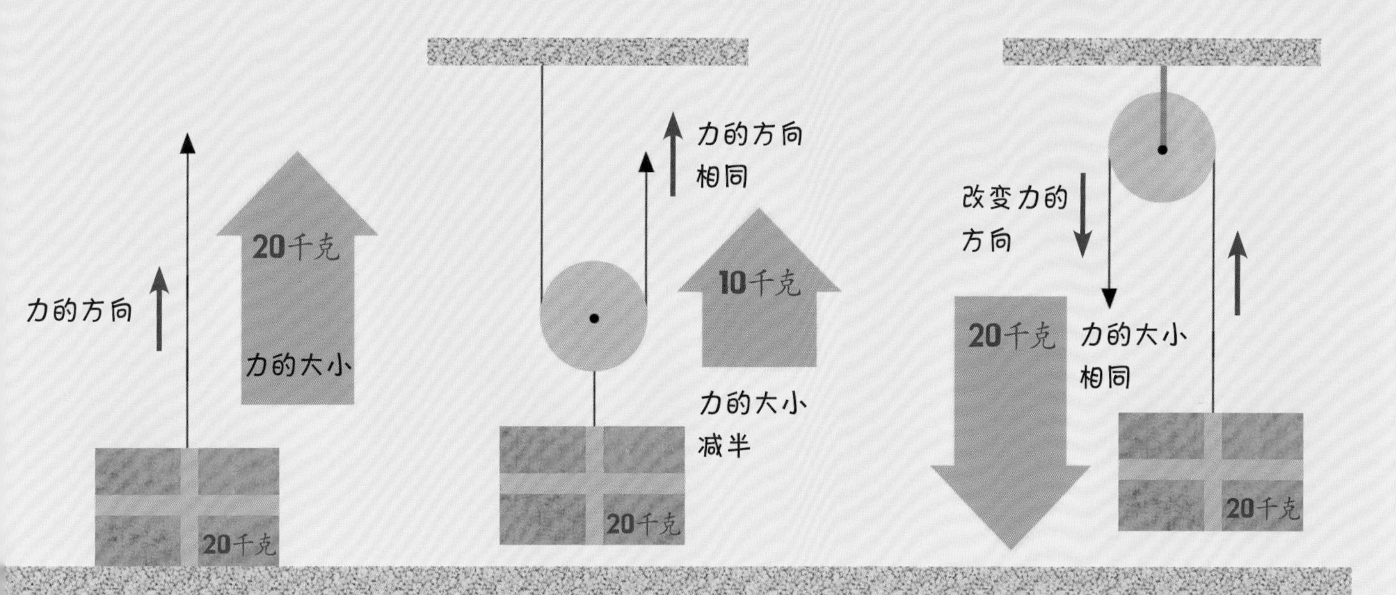

动滑轮

与物体一起移动的滑轮。虽然力量可以减半，但移动距离却变成原来的两倍。

定滑轮

固定不动的滑轮。虽然需要的力量不变，但可以改变用力的方向。

斜面

利用倾斜的面，以相对省力的方式提升物体的方法。虽然斜面的斜度越小越省力，但是相应地会增加移动距离。

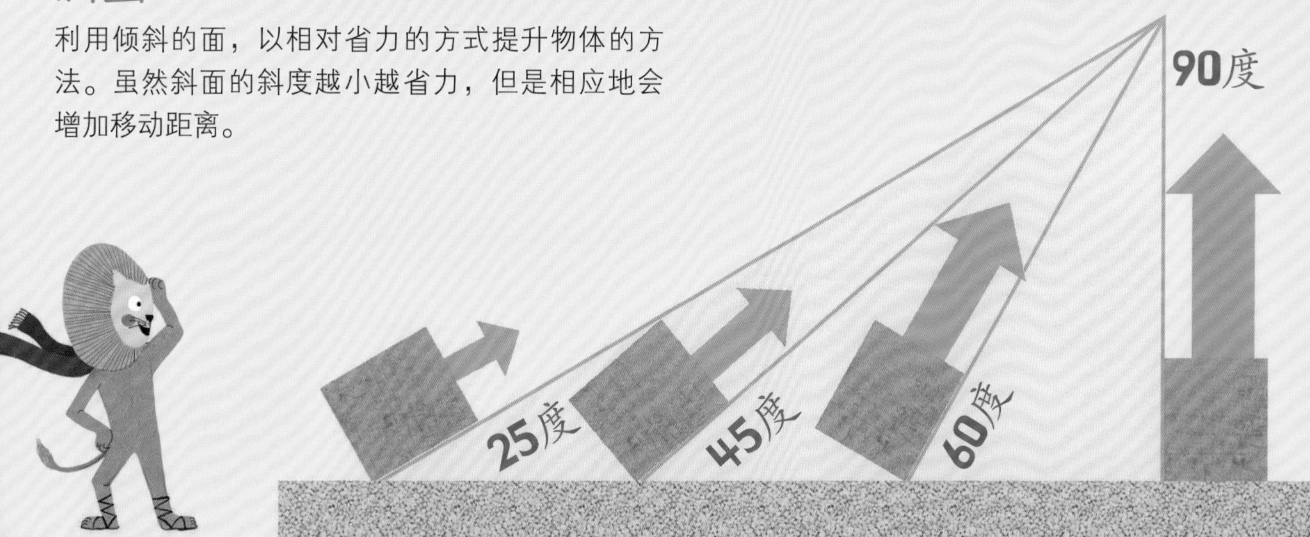

金字塔的秘密

埃及的金字塔是在公元前 2500 年左右建造的一种大型建筑。组成金字塔的石块平均质量为 2500 千克，与 50 名 50 千克的人的质量相等。而最大的一座埃及金字塔是由 230 万块左右的石块建成的。

令人惊讶的是，在埃及人建造金字塔时，科技并没有像现在这样发达，更不存在先进的建筑机械。当时的埃及人是如何搬运这些沉重的石块，又是如何准确地将它们堆砌起来的呢？

据推测，埃及人在搬运并堆砌这些石块时使用了工具。在搬运石块时，如果在下面垫上几块圆木，就能减少石块和地面的摩擦，从而节省很多力气。而往高处搬运石块时，他们可以利用斜面来拉动石块。这样虽然会增加移动距离，却可以节省很多力气，只要凭借人力就能进行搬运。

古时候，每当遇到这种困难或费力的事情时，人们往往会使用各种工具，工具的发展带动了整个社会的发展。

位于埃及吉萨地区的金字塔

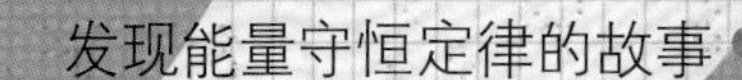

迈尔老师，

听说能量会到处移动？

你们是不是认为能量一旦使用就会消失不见？在我所生活的 19 世纪，人们也是这么认为的。然而在观察患者的血液颜色后，我发现了一个能量定律，即能量只会传递，不会消失。

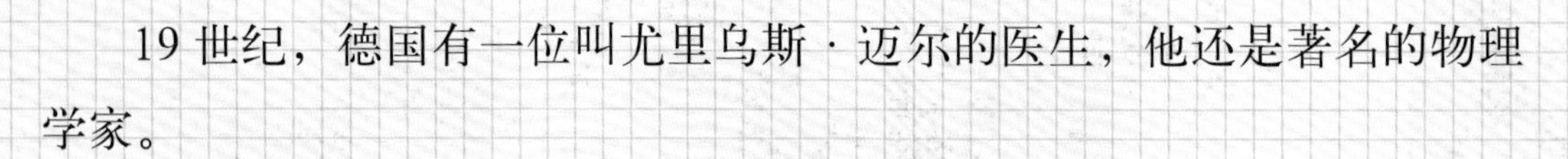

19 世纪，德国有一位叫尤里乌斯 · 迈尔的医生，他还是著名的物理学家。

迈尔主动申请成为一名贸易船上的随行医生，常年往返于热带地区的东南亚和德国之间。

有一天，当迈尔所乘坐的船即将靠近印度尼西亚爪哇岛时，一位船员突然找到迈尔：“医生，我好像生病了，麻烦您帮我看看。”

“嗯，看来得帮你放掉一些静脉中的坏血了。”

当时，人们都把暗红色的静脉血看作是“死血”，认为生病时只要放出一些静脉血，身体就会好起来。

然而，当看到放出来的静脉血之后，迈尔不由地发出了一声惊叫：“啊，居然放出了鲜红色的血！看来是我操作失误，划开了动脉。”

这时，船员安慰他说：“不用担心，医生。我的静脉血本来就是鲜红色的。”

迈尔感到很疑惑，便确认了一下自己静脉血的颜色。

“为什么在热带地区，静脉血就是鲜红色的呢？”

迈尔很好奇静脉血变成鲜红色的原因。

“欧洲人的静脉血都是暗红色的。在欧洲时，我的静脉血就是暗红色的。”

迈尔仔细分析了一下血液循环的原理。

他觉得人待在热带地区时，静脉血变成鲜红色，是因为在热带地区，人们只会消耗少量的氧气。

于是，迈尔改变了思路：“为什么在热带地区，人们只会消耗少量氧气呢？难道是天气炎热的关系？”

迈尔认为在炎热的地区人们维持体温所需的能量较少，所以氧气的消耗量也跟着减少了。

迈尔的研究笔记

为什么在热带地区，人体的氧气消耗量会减少？

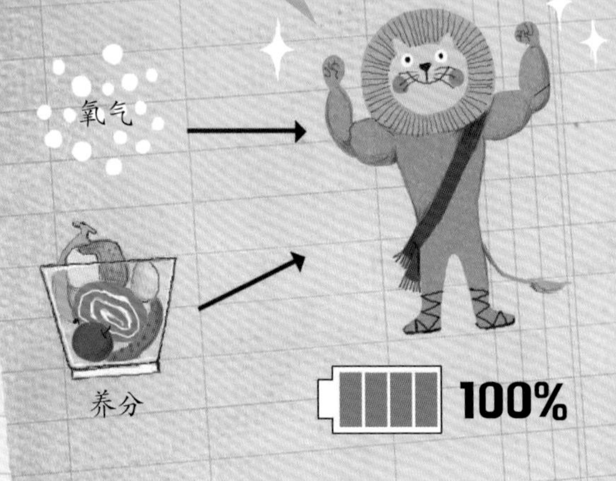

假设一个人吸入的氧气量为10时的对比结

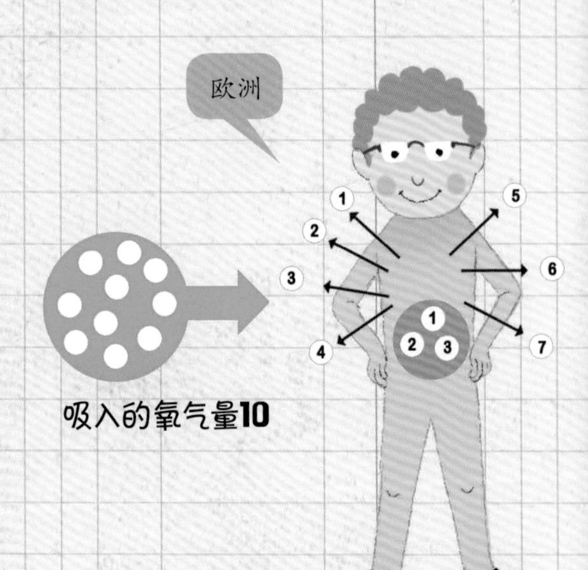

“把身体消耗的氧气量和剩余的氧气量加起来，便等于最初进入体内的氧气量。能量是否也是如此呢？”

迈尔认为倘若人摄取的食物热量与体内消耗的能量维持一种平衡，那么能量并不会消失，而是会以另一种形式保存下来。

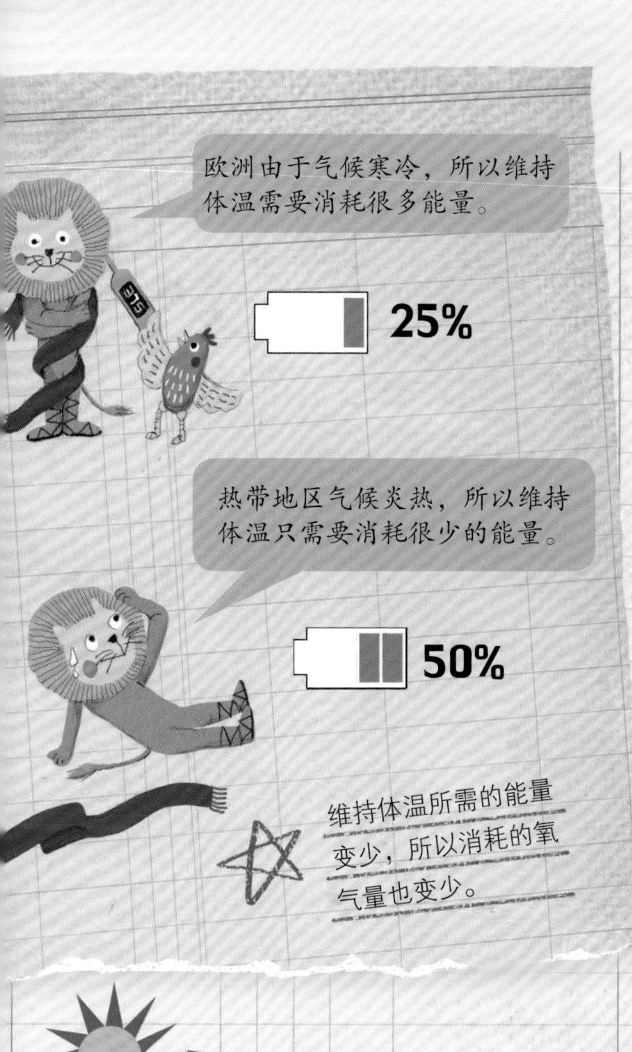

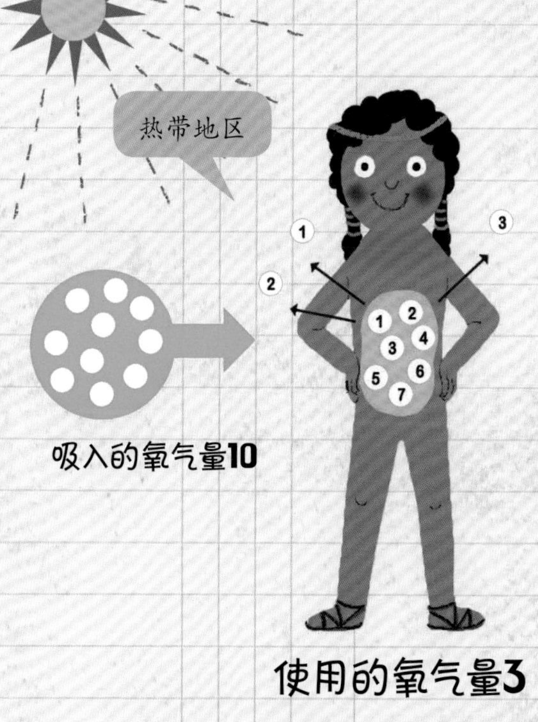

1842 年，迈尔在众人面前发表了自己的观点：“各位，请看！这个苹果中储存着来自太阳的能量。现在，假如我把这个苹果吃掉，苹果中的能量会发生什么变化呢？”

人们不以为然地回答说：“你是在开玩笑吗？当然会消失了！”

“不，苹果中的能量并没有消失，而是被储存在我们体内，用于维持体温或为我们身体的运动提供能量。因此，苹果中的能量并不是消失了，而是变成了其他形式。”

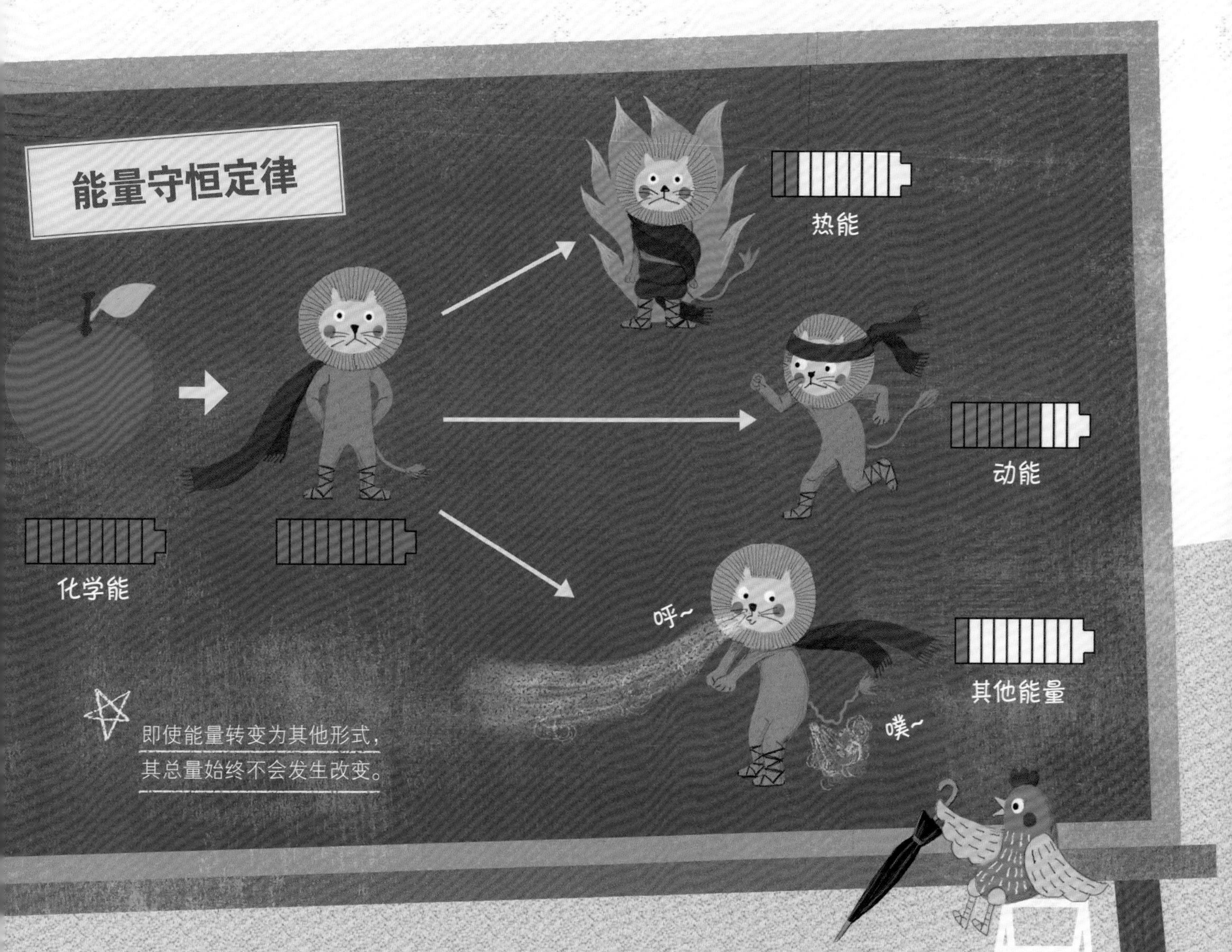

然而，人们都对迈尔的话嗤之以鼻："迈尔先生，您在说什么疯话？您这是在戏弄我们吗？"

迈尔并没有退缩，而是坚持自己的主张："能量不会消失，只是会转换成其他形式。"

随着时间的流逝和科学的发展，越来越多的科学家开始认可迈尔的观点。

后来，人们将迈尔提出的理论——"能量不会消失，只会转变为其他形式，且能量的总量始终不会改变"称为"能量守恒定律"。

这个定律是适用于所有自然现象的基本原理。

科学知识

能量转化

能量并不只会以一种形式存在，而是会以动能、势能、热能、电能等各种不同的形式存在。而一种能量转变为其他形式能量的现象，我们称为“能量转化”。在日常生活中，我们常常会利用能量互相转化的性质，获取自己所需的各种能量。

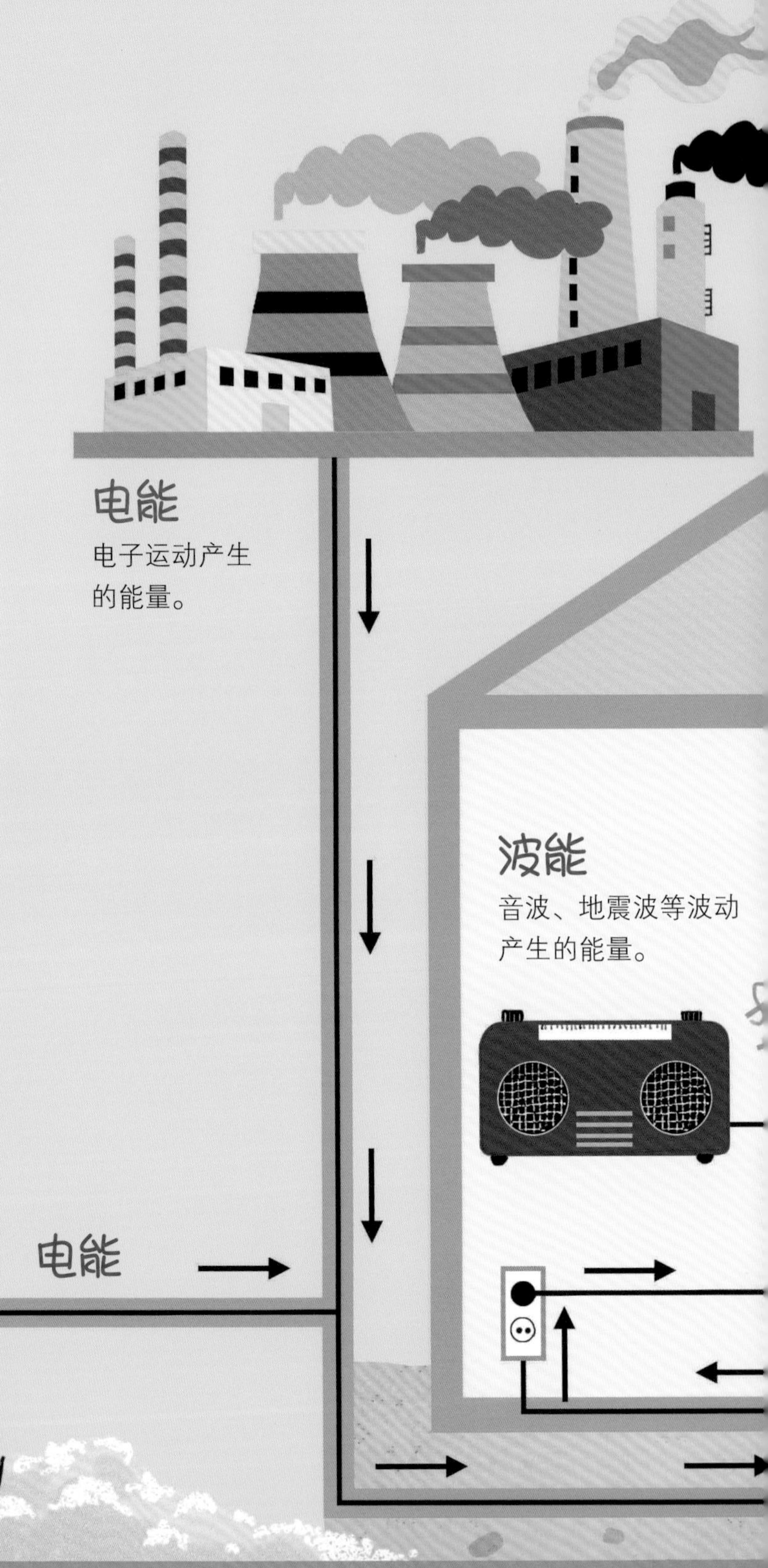

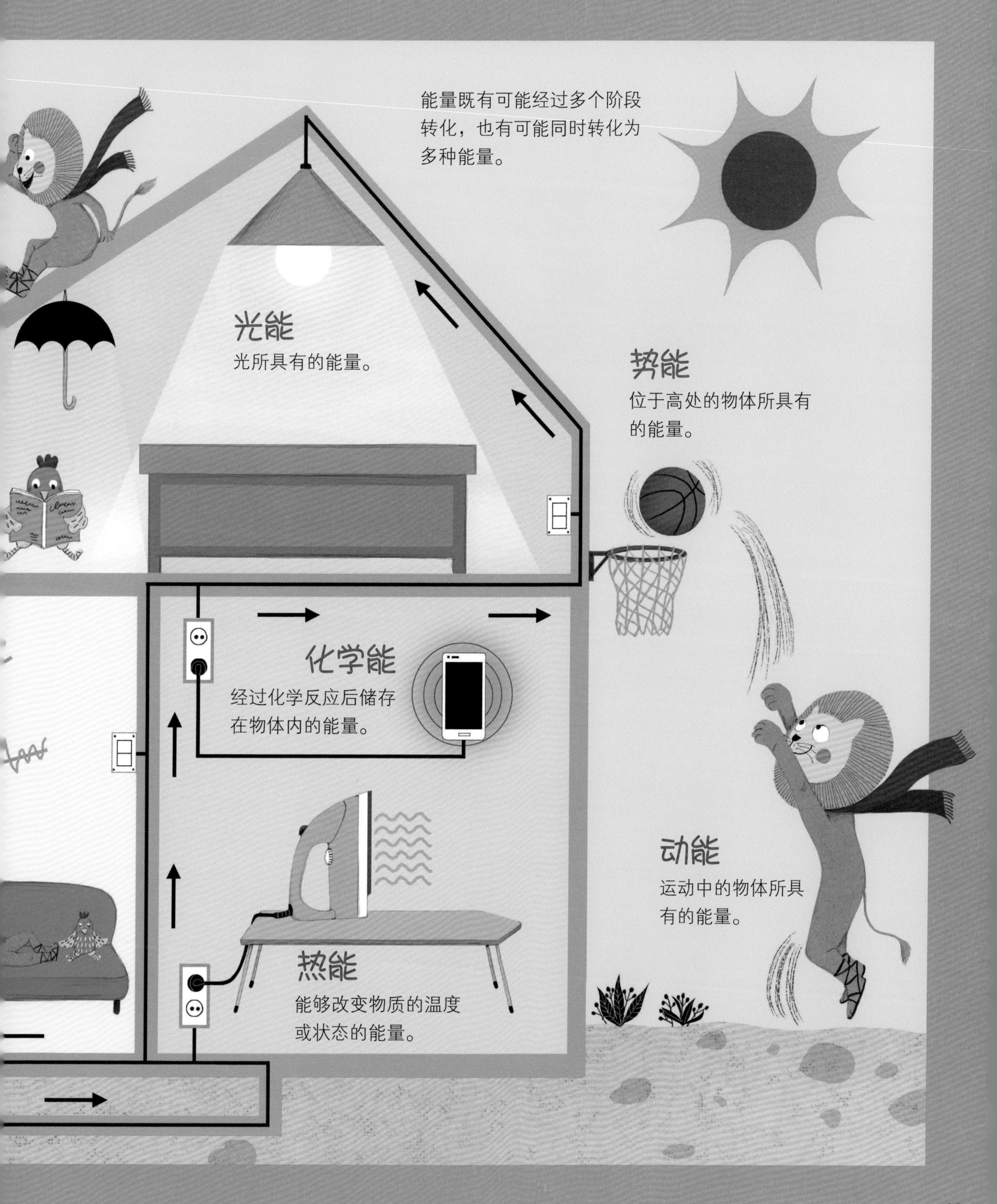
能量既有可能经过多个阶段转化，也有可能同时转化为多种能量。
光能
光所具有的能量。
势能
位于高处的物体所具有的能量。
化学能
经过化学反应后储存在物体内的能量。
动能
运动中的物体所具有的能量。
热能
能够改变物质的温度或状态的能量。

无限能量的梦想——永动机

“永动机”是指只需要提供一次能量就能永远运转下去的假想机械。如果能发明出这种机械，人们如今面临的能源枯竭问题将迎刃而解。

早在古希腊时期，人们就曾动过制作永动机的念头。文艺复兴时期，科学家达·芬奇就曾把当时人们构想的永动机形态记录下来。那是一种利用水碓提水的永动机。只可惜当所有的水都汇聚到底部时，这个水碓就停止了运转。达·芬奇在记录中写道：“妄想发明出永动机的人与炼金术师无异，所以还是不要白费力气了。”

到了 19 世纪，正如达·芬奇所猜测的那样，永动机只存在于幻想中，现实中不可能制造出来，这一说法得到了科学家的证实。根据能量守恒定律，任何能量一旦被使用就会转化为其他能量，因此在没有能量供给的情况下，机械是不可能继续运转的。从这种角度上来讲，永动机是一种违背能量守恒定律的机器。

达·芬奇绘制的永动机

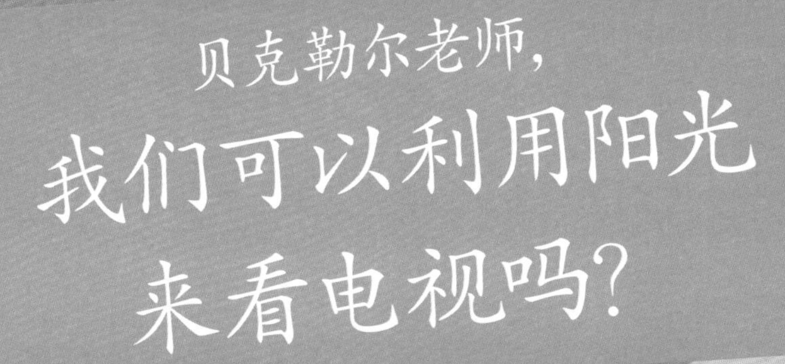

如果能将多余的阳光储存起来，等到需要的时候再拿出来用该多好。虽然无数科学家前仆后继地寻找可以将阳光转化为电能的方法，但最终都以失败告终。不过庆幸的是，我在 1839 年终于找到了解决这个问题的方法。于是我发明出了最早的太阳能电池。

法国物理学家安东尼·贝克勒尔出生于 1852 年。他有一位物理学家父亲，所以从小时候起，贝克勒尔就常常在实验室里协助父亲做一些实验。

有一天，贝克勒尔在实验室打扫卫生。

当时，他正在清扫灰尘，打算将摆在窗台上的铜像挪开。然而，刚一碰到铜像，贝克勒尔就发出了一声尖叫。

怎么了，儿子？

听了父亲的话，贝克勒尔恨不得马上将阳光储存起来。

“没错。如果能够制造出从阳光中获取能量的装置，肯定能造福人类。太阳一年四季悬挂在空中，能量不但获取方式简单，而且还不用花费钱财。重要的是阳光取之不尽、用之不竭。总之，我一定要找出储存阳光的方法。”

从那一天起，贝克勒尔就开始研究如何储存阳光。

“爸爸，爸爸！您快过来看啊！”

19 岁的贝克勒尔大声呼唤着自己的父亲。

因为他成功地发明出利用阳光发电的实验装置。

贝克勒尔将浸在酸性溶液中的银棒放在阳光下，上面就会产生电流，这个装置可以将阳光转化为电流。

“爸爸，您看。我先将银棒插入导电性强的酸性溶液中，再将它挪到阳光底下。”

怎么样？我的实验是不是很成功？

不过，你怎么断定电是通过阳光产生的呢？

您看，当我增加阳光的照射量时，电量就会增加。

一旦减少阳光的照射量，电量也会跟着减少。

哇哦，看来你确实通过阳光造出了电。真不愧是我儿子，太了不起了！

贝克勒尔发现了阳光可以转化为电的光伏效应，这最终成为人们研究太阳能电池的契机。

六十年后，阿尔伯特 · 爱因斯坦通过实验解决了阳光中的何种光线照射何种物质能产生最多电量的问题。

随着爱因斯坦提出更准确的科学理论，人们对太阳能电池的研究也变得更加活跃。如今，人们在很多地方都安装了太阳能电池，将太阳能转化为电能来使用。

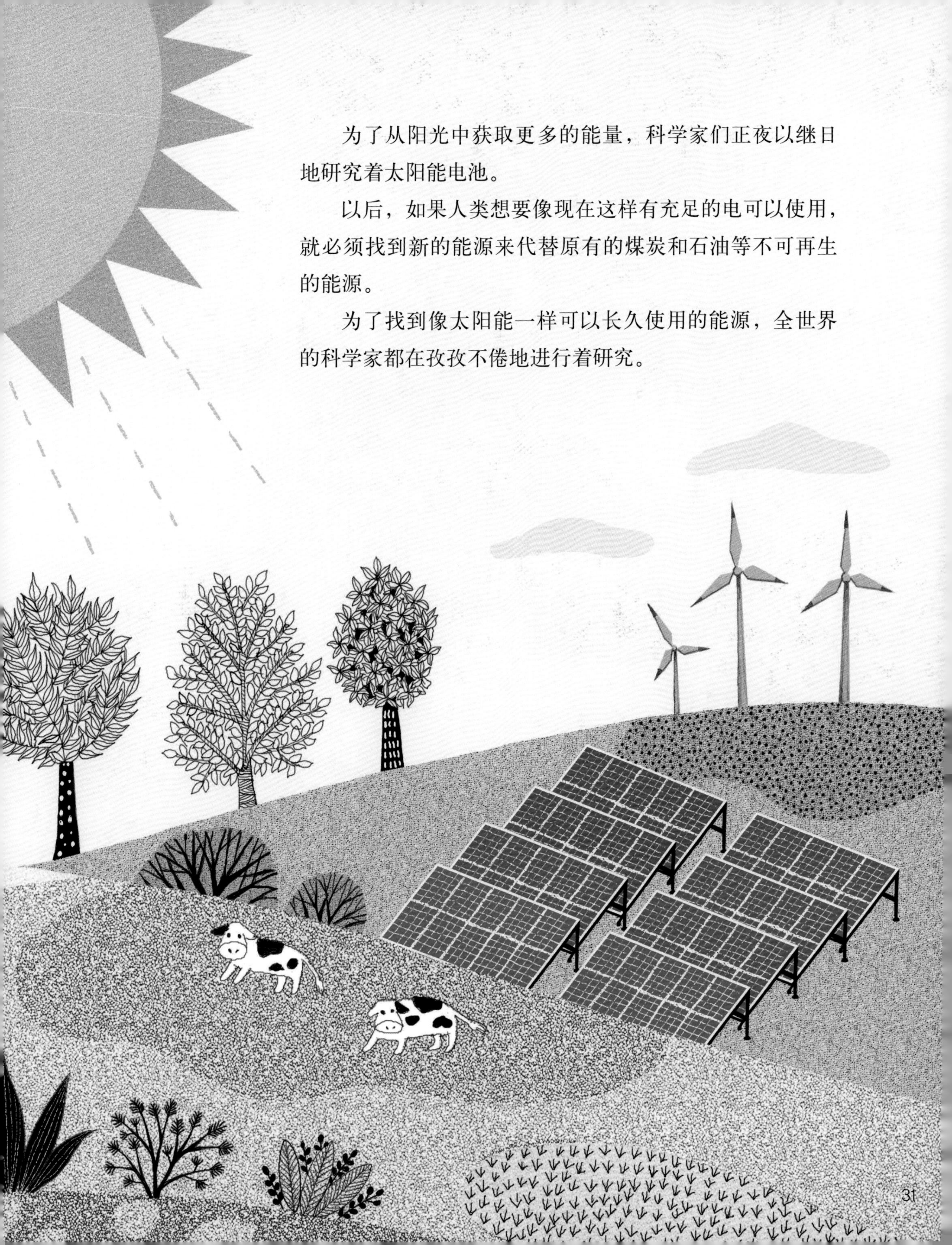

为了从阳光中获取更多的能量，科学家们正夜以继日地研究着太阳能电池。

以后，如果人类想要像现在这样有充足的电可以使用，就必须找到新的能源来代替原有的煤炭和石油等不可再生的能源。

为了找到像太阳能一样可以长久使用的能源，全世界的科学家都在孜孜不倦地进行着研究。

科学知识

太阳能

太阳能是指太阳释放出来的光、热等形态的能量。人们可以将太阳能储存在电池中，从而直接获得电能。事实上，人们所使用的大部分能源起初都来源于太阳，即太阳能是其他能源的源头。

植物利用阳光、水、二氧化碳制作出养料。

动物通过摄入植物获取能量。

人通过摄入肉和蔬菜获取能量。

所有能量的源头——太阳

动物和植物在死亡后，遗体被埋入地下。

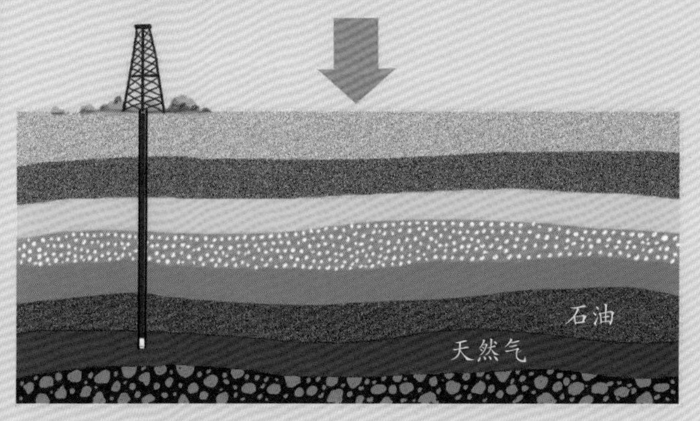

动植物的遗体经过长时间的转化，变为石油、煤炭或天然气等化石燃料。

化石燃料作为汽车、供暖等设备的能源使用。

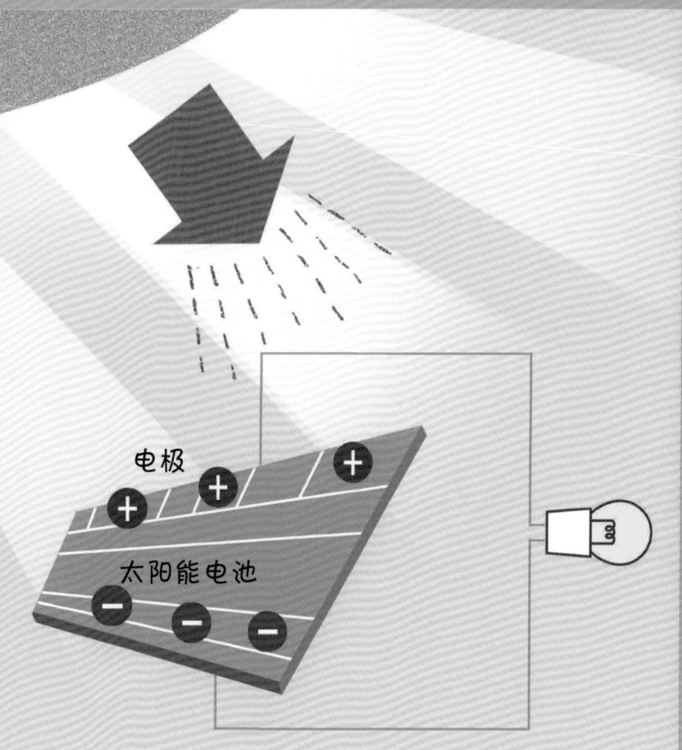

通过太阳能电池，将阳光转换为电能。

电能可以作为计算机、电视、电灯等设备的能源使用。

古代的太阳崇拜文化

古时候，世间曾一度流行太阳崇拜文化。因为古人认为是太阳神带来了丰收和干旱。

例如，古埃及人就曾供奉过太阳神——拉。古埃及的统治者法老之所以拥有绝对的权力，也是因为人们将他们视为太阳神的儿子。据说，曾活跃在墨西哥地区的阿兹特克文明拥有一种可怕的风俗，那就是他们每天都要挖出一名健壮青年的心脏，供奉在太阳神的祭坛上。因为他们认为犹如火堆需要添柴才能继续燃烧一样，想要让太阳神永远释放光芒，就必须持续给它献祭青年的新鲜血液。

如今，世上哪里都不会有向太阳神献祭心脏的事情发生了。因为随着科学的发展，人们已经了解到太阳的本质，人们早已知道太阳是一种通过核聚变的过程释放出巨大能量的天体。

埃及的太阳神壁画

寻找新能源

直到 19 世纪，科学家才证实能量的存在；同时，也明确了能量只会传递，不会消失的事实。但是，我们能够使用的能源正逐渐减少。因此，科学家们正在为提高能量使用效率及寻找新能源而不断努力。

公元前260年

杠杆原理的发现

阿基米德发现了杠杆原理。人们利用这个原理制作出各种省力的工具。

1839年

太阳能装置的发明

贝克勒尔制作出可以将太阳能转化为电能的实验装置。人们继续完善着这一装置，制作出更加出色的太阳能电池。

1842年

能量守恒定律的发表

迈尔认为能量并不会消失，而是会转化为其他形式。这就是“能量守恒定律”。尽管迈尔没能通过实验证明这一点，但他的观点最终成为解释能量的重要概念。

标记的部分是正文中出现的内容。

1905年
光电效应理论的发表
爱因斯坦对金属吸收阳光后产生电流的现象展开研究。通过爱因斯坦的研究，人们得知当阳光中的何种光线在照射到何种物质时会产生最多的电能。
现在
随着工业的发展，我们所需的能量变得比以前更多。因此，科学家们正在不断寻找新的可持续能源和可以提升能量使用效率的方法。例如，有人正在努力普及氢能源的使用等。

图字：01-2019-6046

图书在版编目（CIP）数据
能量的故事 /（韩）孙英云文；（韩）文具善绘；千太阳译 . —北京：东方出版社，2020.12
（哇，科学有故事！. 物理化学篇）
ISBN 978-7-5207-1482-2

Ⅰ . ①能… Ⅱ . ①孙… ②文… ③千… Ⅲ . ①能—青少年读物 Ⅳ . ① O31-49

中国版本图书馆 CIP 数据核字（2020）第 038670 号

哇，科学有故事！物理篇 · 能量的故事
（WA，KEXUE YOU GUSHI! WULIPIAN · NENGLIANG DE GUSHI）
作　　者：［韩］孙英云 / 文　［韩］文具善 / 绘
译　　者：千太阳

策划编辑：鲁艳芳　杨朝霞
责任编辑：金　琪　杨朝霞
出　　版：東方出版社
发　　行：人民东方出版传媒有限公司
地　　址：北京市东城区朝阳门内大街166号
邮　　编：100010
印　　刷：北京彩和坊印刷有限公司
版　　次：2020年12月第1版
印　　次：2024年11月北京第4次印刷
开　　本：820毫米 × 950毫米　1/12
印　　张：4
字　　数：20千字
书　　号：ISBN 978-7-5207-1482-2
定　　价：256.00元（全10册）
发行电话：（010）85924663　85924644　85924641

文字 ［韩］孙英云

毕业于首尔大学，毕业后成为一名高中教师。曾参与过初中科学教科书和教师指导用书的统编。现为一名创作儿童及青少年科普图书的专职作家。主要作品有《编写教科书的科学家们》《为青少年们准备的西方科学史》《我们的土地科学考察记》《奇特想法中的科学》等。大部分作品都曾被评选为韩国科学创意财团优秀图书。

插图 ［韩］文具善

毕业于视觉设计专业，曾在韩国出版美术大赛中获得特别奖和特选奖等众多奖项。一直在为能够画出引起成年人共鸣的插图而努力。梦想是能够创作出任何时候看了都能有感触的绘本。插图作品有《奶奶的食谱》《我妈妈好的10个理由》《我的爸爸亚历山大李》等，主要著作有《我讨厌弟弟》等。

哇，科学有故事！（全 33 册）

解决问题

扫一扫
看视频，学科学